Verlag von Otto Spamer / Pfadfinderverlag in Leipzig

Das Pfadfinderbuch für junge Mädchen

Ein anregender praktischer Leitfaden für die heranwachsende, vorwärtsstrebende weibliche Jugend. Unter Mitarbeit hervorragender Persönlichkeiten aus der Pfadfinderbewegung herausgegeben von **Elise von Hopffgarten**. Mit Zeichenerklärungen zur Generalstabskarte und vielen Textbildern M. 2.80, geb. M. 3.60, von 10 Expl. an 2 M., geb. 3 M.

<small>Dasselbe lobende Urteil, das wir im vorigen Jahre dem Pfadfinderbuch für Knaben fällen konnten, müssen wir diesmal dem Pfadfinderbuch für junge Mädchen uneingeschränkt zukommen lassen. Es ist nach jeder Seite hin eine Freude, in dem Buche zu studieren. Sie sind beide unerreicht und eignen sich in besonderer Weise zu Geschenken für unsere Jugend, die an den Büchern ihre helle Freude haben wird. Pädagogischer Jahresbericht.</small>

Ein deutscher Pfadfinderbund für junge Mädchen.

(Bund deutscher Pfadfinderinnen.) Organisation. Unter Mitarbeit von Fachleuten verfaßt von **Elise von Hopffgarten**. 3. Aufl. Geh. 15 Pf., 100 Stück 10 M.

Die Pfadfinderin

Offizielles Organ des Bundes deutscher Pfadfinderinnen
Herausgeb.: Frau E. v. Hopffgarten   Schriftl.: Frau Luise v. Brandt
Erscheint monatl.   Jährl. M. 1.50.   Probenummern gratis

Pfadfinder- und Wehrkraft-Kochbuch.

Herausgegeben in Verbindung mit dem Bayerischen Wehrkraft-Verein und dem Deutschen Pfadfinderbund von **Katharina Micheler**. Mit Geleitwort von Oberl. Obermayer. 75 Pf., geb. 1 M., bei 10 Exempl. 50 Pf., geb. 75 Pf.

<small>Sehr hübsch illustriert. Ein höchst gefälliges Büchlein, unentbehrlich bei größeren Ausflügen. Mit genau angegebenen Mengen und Preisen der Lebensmittel.</small>

Pfadfinderinnen-Postkarten

nach Gruppenaufnahmen in schönem Lichtdruck. 25 Stück 1 M., 100 Stück 3 M., 1000 Stück 25 M. (Als Postkarten sind u. a. zu haben die Abb. auf Seite 9, 12, 16, 17, 24, 32 dieser Broschüre.)

Bauers Winkertafel

zur Übung im Winken. Ein vorzügliches Mittel zur Hebung der Sehschärfe und Beobachtung. Stück 5 Pf., 500 Stück M. 22.50

Pfadfinderinnen

Von

Dr. Ernst Foerster

Mit 17 Abbildungen

1914

Springer-Verlag Berlin Heidelberg GmbH

ISBN 978-3-662-33485-0   ISBN 978-3-662-33883-4 (eBook)
DOI 10.1007/978-3-662-33883-4

Copyright Springer-Verlag Berlin Heidelberg 1914
Ursprünglich erschienen bei Otto Spamer Leipjig 1914.

Deutschlands
heranwachsender weiblicher Jugend
gewidmet

Vorwort.

Das Wohl unserer Jugend steht heutzutage mit Recht besonders im Vordergrunde des Interesses. Wie oft aber geschieht leider für die Mädchen immer noch weniger als für die Knaben. Unsere heranwachsende weibliche Jugend sollte gerade in unserer Zeit jedoch vor allem Beachtung finden. Die moderne Frau hat Neuland zu gewinnen, sie steht durch ihre ganze Lebensweise in einer Art Übergangszeit. Weil bei der Frau das Gefühlsleben aber eine so große Rolle spielt, und durch diese weibliche Eigenart eine besonders starke Berücksichtigung der Einzelperson notwendig ist, wird die Mädchenerziehung so sehr schwierig. Diese Frage erschöpfend zu behandeln, wäre nur in vielen Bänden wissenschaftlicher Arbeit möglich. Wer fände aber außer den Fachleuten in unserem übergeschäftigen Hetzdasein für das Durcharbeiten solcher Werke die nötige Muße? — Sicher nur sehr wenige. Es ist aber unbedingt notwendig, möglichst viele zur Mitarbeit an der Erziehung unseres heranwachsenden Frauengeschlechtes zu gewinnen. Man muß die weitesten Kreise auf die neue Aufgabe, die jetzt die Jugendvereinigung als Verbündete von Schule und Elternhaus zu leisten unternommen hat, nachdrücklich hinweisen, denn gerade hier bietet sich ein Feld der ausgedehntesten Mitarbeit. An alle Eltern, Erzieher und Führer der weiblichen Jugend, nicht zuletzt aber an unsere jungen Mädchen selber, wendet sich daher diese kleine Schrift. Diese paar Seiten aufmerksam durchzulesen, kann jeder noch Zeit finden. Ich kann natürlich nur einen Hinweis auf die Bewegung, vielleicht einige Anregungen geben, nicht mehr. Weiterarbeiten und selbst ausführen muß eben jeder nach seiner ganz persönlichen Veranlagung und der besonderen Art seines Wirkungskreises.

Hamburg.

Der Verfasser.

Das Ziel.

Als ich vor einigen Jahren in einem Aufsatze „Pfadfinderinnen" über die Erfahrungen schrieb, die meine Frau und ich auf dem Gebiete moderner Mädchenerziehung im Jugendverein gemacht haben, dachte ich nicht, daß man später unter dem Ausdruck „Pfadfinderinnen" allgemein eine ganze Bewegung zusammenfassen würde, die sich als Aufgabe setzt, Deutschlands heranwachsende weibliche Jugend für den schweren Kampf ums Dasein in unserer Zeit zu erziehen, um so ein Stück wichtiger vaterländischer Jugendpflege zu leisten. Warum hat sich wohl der Ausdruck „Pfadfinderinnen" so schnell eingebürgert? — Es fehlte einfach an einer Bezeichnung, die alles das in einem Worte zusammenfaßt, was die jüngste Bewegung der Mädchenjugendpflege sich zu erstreben bemüht. Daß für das heranwachsende weibliche Geschlecht ein neuer „Pfad zu finden" war, ist rückhaltlos von allen Seiten anerkannt worden. Ganz gleich, welchen Standpunkt man auch persönlich einnehmen mag, die Tatsache ist nun einmal nicht wegzuleugnen, daß die Art der Lebensführung unserer modernen Frau ganz anders ist, als wie in früheren Zeiten. Selbst die Gegner der ganzen jetzigen Frauenbewegung müssen zugeben, daß ein großer Teil aller Frauen schon durch ihre stark veränderte wirtschaftliche Lage einfach gezwungen ist, für ihren Lebensunterhalt selbst zu sorgen und mehr am öffentlichen Leben teilzunehmen, als es die Frau früher zu tun pflegte. Werden bei diesem Streben aber nicht große Hindernisse zu überwinden sein? Wird man nicht vor allem dafür zu sorgen haben, daß bei diesen so plötzlich einsetzenden veränderten Anforderungen an die Leistungskraft des weiblichen Geschlechts, besonders auf rein geistigem Gebiet, nicht eine schädliche Überanstrengung die Folge ist? Leider ist die jetzt nicht mehr zu bestreitende Erfahrung häufig gemacht worden, daß junge Mädchen vielfach

Arbeit macht das Leben schön.

durch die neu an sie gestellten Anforderungen körperlich und seelisch geschädigt werden. Darin liegt aber eine große Gefahr für das Gedeihen unseres ganzen Volkes, und Familie, Schule und Jugendvereinigung haben zu versuchen, wie man diesen neuen Bedingungen für das Leben der Frau am besten gerecht werden kann.

Unsere ganze Kulturentwicklung drängt darauf hin, daß man besonders der Jugend die größte Beachtung zu schenken habe. Eines der wichtigsten Ereignisse des zwanzigsten Jahrhunderts ist denn auch das starke Einsetzen der jetzigen Jugend=

pflege. Mit großem Erfolg ist schon für die Knaben gearbeitet worden. Aber es war ein schlimmer Fehlgriff, daß man nicht immer daran dachte, auch ebensoviel für die Mädchen zu tun. Sich damit zu begnügen, Mädchenvereinigungen als eine Art Anhängsel für die bestehenden Knabenvereinigungen zuzulassen, ist das verkehrteste, was geschehen konnte. Wann wird man denn endlich allgemein einsehen, daß Mädchen, gerade so wie Knaben, eine völlig für sie nur geeignete Erziehung

Immer hilfsbereit.

brauchen, und daß Einrichtungen, die sehr gut für Knaben sind, sich für Mädchen als ganz unangebracht erweisen. Solange sich die Überzeugung nicht allgemein Bahn bricht, daß neben einer charakteristisch=männlichen Kultur auch eine charakteristisch=weibliche Kultur nicht nur berechtigt, sondern durchaus erforderlich ist, kann die letzte Stufe der Menschheits=kultur nicht erreicht werden. Wie es im letzten Ziel ist, muß es auch in den Bemühungen, dahin zu gelangen, ebenfalls sein. Also eine von der männlichen Jugendpflege und Er=ziehung völlig getrennte Jugendpflege für Mädchen, die ganz für sich Selbstzweck ist, muß unbedingt gefordert werden. Wie diese Bewegung bezeichnet wird, darauf kommt es nicht an. Es muß auch zugegeben werden, daß es mancherlei rechte Wege geben kann, vorausgesetzt, daß man sich erst über das letzte Ziel klar wurde, ehe man damit beginnt, neue Pfade zu finden.

Vor allem muß man begreifen: die Jugendpflegevereinigung kann nur als Ergänzung von Familie und Schule wirken. Jede von den drei Mächten hat ihr bestimmtes Feld; sucht eine der andern den Rang abzulaufen, so muß das Gesamtergebnis, worauf es doch ganz allein ankommt, sehr darunter leiden. Man kann besonders Nichtfachleuten gegenüber nie genug betonen: die Jugendvereinigung soll nicht zu unterrichten suchen, dazu ist die Schule da.

Soziale Erziehung zu geben, ist eine Hauptaufgabe aller Jugendpflege. Damit die Jugendvereinigung aber imstande ist, diese schwierige soziale Erziehung auch tatsächlich zu leisten, muß streng auf die Durchführung jener drei unbedingt notwendigen ethischen Forderungen bei der Aufnahme als Pfadfinderin gehalten werden: es darf weder nach Stand noch Konfession noch politischer Überzeugung der Eltern gefragt werden.

Bei Mädchen kommt dann aber die schwer zu beantwortende Frage hinzu: Was soll als Ausgangspunkt der ganzen Erziehung genommen werden? Das besondere Gebiet der Frau ist doch ihr Leben in der Familie. Hieran muß unbedingt angeknüpft werden. Wer das übersieht, begeht einen Grundfehler, der nie wieder gut gemacht werden kann. Gattin und Mutter zu werden, ist das Sondergebiet der Frau, wozu sie von der Natur vorbestimmt ist. In unserer Zeit ist durch die immer größer werdende Teilnahme der Frau am öffentlichen Leben außerhalb der Familie die Gefahr, das weibliche Geschlecht allmählich mehr und mehr von ihrer ureigensten Bestimmung abzuziehen, beängstigend groß geworden. Legt nun noch die Jugendvereinigung, wie dies leider sehr oft der Fall ist, ihr Hauptgewicht auf Veranstaltungen mit großer Teilnehmerzahl, so ist die Folge davon klar: statt daß die Mädchen durch die Vereinserziehung zu der Familie hingezogen werden, tritt gerade das Gegenteil ein, nämlich das Mädchen wird systematisch von Jugend auf an einen größeren Gemeinschaftskreis gewöhnt und so unrettbar dem Familienleben entfremdet. Das Hauptaugenmerk der Jugendpflege muß demnach bei ihrer Einwirkung auf das heranwachsende weibliche Geschlecht darauf gerichtet sein, in möglichst kleinem Kreise zu wirken. Massenveranstaltungen dürfen nur Ausnahmen bleiben. Aber auch damit ist noch nicht genug geschehen. Selbst ein kleiner Kreis von Gleichaltrigen wird nie auch nur annähernd Forderungen stellen, die den Familienbedürfnissen gerecht werden. Daß nur Gleichaltrige sich erziehen können, ist zudem schon an sich ein Unding. Der Erwachsene ist als Leiter schon deshalb unbedingt notwendig, weil nur durch Einwirkung stark überlegener Menschen Erziehung geleistet werden kann. Für das Mädchen kommt aber noch eine sehr wichtige andere Frage in Betracht. Soll die herrlichste aller weiblichen Tugenden, die Mütterlichkeit, schon frühzeitig geweckt werden, so muß die Erziehungsgruppe oder -familie so zusammengesetzt sein, daß schon durch das verschiedene Alter der Mitglieder Hilfsbereitschaft und Fürsorglichkeit genügend Gelegenheit finden, sich betätigen zu können. Das ältere Mädchen sorgt in solchen Gruppen ganz von selbst für die jüngere Kameradin und gewöhnt sich daran bald so, daß ihr Mütterlichkeit und überhaupt liebevolle Hilfsbereitschaft zur Selbstverständlichkeit werden. Dem Familienideal wird man außerdem dann am nächsten kommen, wenn nicht nur die Frau, sondern auch der Mann an der großen Erziehungsaufgabe teilnimmt; am besten ist es natürlich, wenn ein Ehepaar die Leitung zu übernehmen bereit ist.

Auf meinen Wunsch war ich eine Zeitlang an eine Mädchenschule versetzt worden, und später, als ich wieder an die Knabenschule zurückging, gab ich im Nebenamt noch Unterricht an einem Lyzeum mit anschließender Studienanstalt. So konnte ich aus eigener Erfahrung lernen, wie sehr alle die irren, die nicht genügend Rücksicht auf die Besonderheiten des weiblichen Geschlechts nehmen, wenn sie danach streben, Mädchen ähnlich

wie Knaben zu unterrichten. Noch auffallender aber zeigt sich
die Verschiedenheit von Mädchen und Knaben, wenn man
sie auf Ausflügen aufmerksam beobachtet. Dadurch, daß ich
kurz nacheinander Wanderungen mit Knaben und Wande=
rungen mit Mädchen unternommen habe, trat mir dieser starke
Unterschied besonders klar vor Augen. Daß die angestellten
Beobachtungen möglichst objektiv ausfielen, wurde dadurch
begünstigt, daß meine Frau sowohl an Mädchen= als auch an

Bei Gesang und Saitenspiel.

Knabenwanderungen teilgenommen hat, und sie als Frau ihrer=
seits kritisch den Erfahrungen gegenübertreten konnte, die ich
als Mann allgemein geltend glaubte feststellen zu können.
Wenn die Grundeigenschaften der beiden Geschlechter sich auch
für unsere jüngste Generation als so vollständig verschieden=
artig erweisen, so folgt daraus unzweifelhaft, daß der wohl=
gemeinte und auch sehr begreifliche Gedanke einer „gemein=
samen Erziehung beider Geschlechter" — gemeinsamer Unter=
richt ist dann natürlich erst recht zu verwerfen — praktisch
nicht erfolgreich durchführbar ist. Es ist also wohl begründet, daß

— 13 —

die Pfadfinderorganifation im Gegenfatz zu manchen anderen modernen Bewegungen auf Trennung von Mädchen- und Knabenveranftaltungen befteht. — "Getrennt marfchieren, vereint fchlagen" muß das Cofungswort lauten. Denn wenn Wanderungen und Übungen getrennt find, fo darf doch nie vergeffen werden: das Endziel der Erziehung ift die Ermöglichung eines vollkommenen, gemeinfamen Lebens der beiden

Bauernreigen.

Gefchlechter. Eine Erziehung, die hier verfagt und aus Bequemlichkeit oder Ängftlichkeit nicht dafür forgt, daß die beiden Gefchlechter auch rechtzeitig zufammenkommen, würde fehr zu tadeln fein. Das wäre eine völlig weltfremde Erziehung. Unferen jungen Leuten muß durch fchöne Feftlichkeiten und fonftige geeignete Veranftaltungen auch die nötige Gelegenheit gegeben werden, ganz ungezwungen und natürlich einander nähertreten zu können. Hierbei ergibt fich gleichzeitig auch der befte Anlaß, die ganze Familie wieder zufammenzubringen, da die Eltern und Verwandten an solchen gemeinsamen Unternehmungen gern teilnehmen werden.

Zu große Passivität und starkes Überwiegen blinden Gefühls sind wohl die beiden Eigenschaften, auf deren möglichste Begrenzung die Erziehung der Mädchen jetzt besonders zu achten hat. Sonst wird einst die Frau durch die Art unserer modernen Lebensbedingungen großen Schaden nehmen können. Das Gefühl soll durch einen verständigen Willen geleitet werden, sonst wird der Mensch — sei es Mann oder Weib — nie zum wahren Kulturmenschen werden. Die schlimmste Folgeerscheinung der Umgestaltung der Lebensbedingungen für die moderne Frau ist, daß unser aufreibendes öffentliches Leben die Eigenart und Schönheit edler Weiblichkeit besonders durch geistige Überanstrengung vielfach zu zerstören beginnt. Der Mann, der durch Überanstrengung zum einseitigen Fachmenschen und schließlich zur gefühllosen Arbeitsmaschine wird, ist schon tief zu beklagen, aber die mehr logisch-energische Eigenart des Mannes bewahrt ihn eher vor völligem Zusammenbruch und dauernder Wertlosigkeit. Die Frau dagegen wird unrettbar durch anhaltende geistige Überanstrengung zugrunde gerichtet. Der höchste Wert der Frau liegt eben in ihrem persönlichen Gefühlsleben, ihrer innigen Verbindung mit den tiefsten Naturkräften, die sie zur Mutter geschaffen haben. Vor dieser Einsicht hat alle Frauenbewegung haltzumachen, sonst richtet sie grenzenloses Unheil an, Weib und Mann würden dadurch entarten. Das ist der Grundgedanke für alle einsichtsvolle Jugendpflege des heranwachsenden Frauengeschlechts. Rückkehr zur Frauennatur lehren! muß ihre große Forderung lauten, das ist die heilige und schöne Aufgabe, die gelöst werden muß.

Vor allem muß die Jugendvereinigung danach streben, daß die jungen Mädchen, besonders die Bewohnerinnen der Großstädte, soviel wie möglich in Gottes freie Natur geführt werden. Das ist der mächtige Gesundbrunnen für alle Leiden, die eine krankhafte Überkultur der Menschheit zu bringen beginnt. Nur keine Überkultur! Für die Frau im besonderen keine geistige Überentwicklung. Die gewaltige Hast in unserer modernen Überentwicklung richtet den schlimmsten Schaden an.

Auch körperlich hat der Mensch ein gutes Recht auf Ausbildung. Unsere moderne Mädchenschule fängt dies auch endlich an einzusehen, und die Betonung körperlicher Kräftigung, durch die allein dauernde ästhetische, ethische und logische Leistungsfähigkeit gewährleistet wird, ist ein Hauptziel aller Jugendpflege. Wanderungen, Tanzen, Gartenbau, Mädchenturnen, Spielen, Schwimmen, Rudern und Schlittschuhlaufen kommen für Mädchen hierbei besonders in Betracht. Große Darbietungen sportlicher Höchstleistungen sind kein Ziel der Jugendpflege. Öffentliche Vorführungen und Schaustellungen müssen möglichst in den Hintergrund treten. Häufige Darbietungen vor hohen Herrschaften sind vom pädagogischen Standpunkt aus zu verwerfen; besonders bei den Mädchen, da ihre ohnehin schon stark entwickelte Eitelkeit dadurch noch künstlich größer gezogen wird. Außerdem birgt das Erstreben von Glanzleistungen auch noch die große Gefahr in sich, daß alles nur Mittel zum Zweck wird und Drill an Stelle der Erziehung tritt. Bei einer guten Erziehung kommt es auch darauf an, wie etwas zustande gebracht wird. Nicht welchen augenblicklichen Eindruck man hervorrufen kann, sondern welche dauernde, gute Wirkung für das ganze spätere Leben erzielt werden kann, darf allein ausschlaggebend sein. Also fort mit aller Betonung von Äußerlichkeiten. Darum auch von verschiedenen Führergraden und Tüchtigkeitsabzeichen so wenig, wie irgend möglich. Etwas Gutes und Schönes nur deshalb zu tun, weil man es als gut und schön empfindet, muß der letzte Erfolg aller Erziehung sein. Nicht mit Worten belehren wollen, sondern durch eigene Erfahrungen zwingend überzeugen lassen, danach muß der Erzieher immer streben. Bringt unsere jungen Mädchen dazu, durch schöne Wanderungen das Heimatland lieben zu lernen, es mit Recht als ihr Land zu empfinden und zu werten, dann entsteht eine starke Heimatsliebe ganz von selber, die die gesündeste und festeste Grundlage zu aller Vaterlandsliebe ist. Die Bestrebungen der Heimatsschutzbewegung müssen unserer Jugend von klein auf in Fleisch und Blut übergehen. Durch viele kleine eigene Erlebnisse als Kind wird jedes Mädchen dazu erzogen, später als Erwachsene dazu fähig zu sein, auch ihr Teil zur Erhaltung aller Schönheit der engeren und weiteren Heimat zu leisten.

Spiel und Fröhlichkeit muß unserer Jugend das Leben verschönen. Die Jugend ist auch für sich selbst da, dazu muß aber schon frühzeitig die Freude an der objektiv wertvollen Leistung kommen. Die Jugend muß eben auch als Vorstufe

Winkertelegraphie.

der späteren Reifezeit angesehen werden, die dereinst selber Früchte bringen soll. Arbeit macht das Leben schön! In dieser Erkenntnis beruht ein Schlüssel zu der Bestimmung allen Erdendaseins. — Die Erziehung mit solchem Endziel kann das höchste leisten. Das fröhliche, gesunde Mädchen wird dann einst eine starke und ideale Frau werden, die nicht nur der Familie, sondern auch dem ganzen Volke zum Segen gereicht.

Selbstverständlich kann nur ein großer Bund erfolgreich danach streben, eine so außerordentlich schwierige Aufgabe, wie die Ertüchtigung der deutschen weiblichen Jugend, zu bewältigen.

Wie sehr eine besondere Jugendpflegeorganisation für Mädchen den Bedürfnissen unserer Zeit entspricht, sieht man aus dem schnellen Aufblühen des erst im vorvorigen Jahre (1912) gegründeten „Bundes deutscher Pfadfinderinnen". Vor allem ist der schöne Erfolg der verdienstvollen Gründerin und ersten Vorsitzenden des Bundes, Frau Elise von Hopffgarten, zu danken. Ihre Leistung ist um so höher einzuschätzen, als bei der Gründung des Bundes, der jetzt über 30 Ortsgruppen

Die edle Kochkunst im Freien.

zählt, erst 3 Ortsgruppen bestanden, von denen sogar nur eine auf längere Erfahrungen zurückblicken konnte. Frau von Hopffgarten hat es außerdem möglich gemacht, fast gleichzeitig mit der Organisation der ganzen Bewegung ein Werk zusammen mit einer Reihe bedeutender pädagogischer Fachleute herauszugeben (Das Pfadfinderbuch für junge Mädchen. Verlag Otto Spamer, Leipzig), in dem auf das eingehendste alle Ziele und Bestrebungen der neuen Bewegung in anschaulicher und überzeugender Weise behandelt werden. Seit Januar dieses Jahres (1914) ist auch eine selb=

ständige monatliche Zeitschrift, „Die Pfadfinderin" (Verlag Otto Spamer, Leipzig), von Frau von Hopffgarten herausgegeben worden, in der die weitere Entwicklung des Bundes geschildert wird, um so auf alle wichtigen theoretischen und praktischen Fragen der neu entstandenen Pfadfinderinnenbewegung stets eingehen zu können.

Erfahrungen.

Über Erfahrungen zu berichten, ist ein heikel Ding. Am meisten lernt man nämlich zweifellos an Fehlern, die tatsächlich gemacht worden sind, — aber darüber möchte man im allgemeinen nicht gerne berichten. Überhaupt, wenn man mit der Absicht schreibt, daß andere für eine Bewegung gewonnen werden sollen, so ist die Hauptaufgabe, mit Nachdruck klar und übersichtlich auf alle Schwierigkeiten, die sich bei der Ausführung des Gedankens einstellen können, hinzuweisen, damit man rechtzeitig gewarnt ist und nicht durch unvermutet sich auftürmende Hindernisse mutlos gemacht wird. Aber es ist nicht angenehm, selber als „Studienobjekt" zu dienen, und manche Vereinigung könnte sich stark dagegen verwahren, daß bei ihr — noch manches recht weit vom Ideal entfernt ist. Um also von vornherein jedes unliebsame Mißverständnis auszuschließen: hier wird nur von den Erfahrungen die Rede sein, die wir unter meiner Frau und meiner Leitung in unserer Hamburger Pfadfinderinnenvereinigung gemacht haben. Unsere Ortsgruppe eignet sich auch deshalb besonders als „Studienobjekt", weil wir die älteste deutsche Pfadfinderinnenvereinigung sind, und also bei uns am meisten Gelegenheit war, die mannigfaltigsten Erfahrungen zu sammeln.

Die höchste Aufgabe, die die Pfadfinderinnenbewegung

zu erfüllen hat, besteht sicher darin, möglichst auf alle Klassen der Bevölkerung einen guten Einfluß auszuüben. Handelt es sich doch um nichts weniger, als um die Ertüchtigung von Deutschlands ganzer heranwachsender weiblicher Jugend. Daraus folgt, daß man keinen Stand von dieser Jugendpflegearbeit ausschließen darf. Fort mit allen Standesvorurteilen zum Wohle des ganzen Vaterlandes! ist die herrliche ethische Forderung, die erfüllt werden muß. Die Hamburger Pfad=

Abfahrt der Pfadfinderinnen.

finderinnen*) haben nach Kräften versucht, dieser idealen Forderung nachzukommen. Aber in der Wirklichkeit gibt es Grenzen der tatsächlichen Ausführungsmöglichkeit eines Ideals. Zuerst müssen einmal die nötigen Geldmittel vorhanden sein,

---

*) Über Einzelfragen der Bewegung habe ich in folgenden Zeitschriften geschrieben: Zeitschrift der Zentrale für Volkswohlfahrt „Ratgeber für Jugendvereinigungen" Nr. 3. 1912; „Körper und Geist" Nr. 5. 1912; „Kunstwart XXV, 18. 1912; „Handbuch für Jugendpflege", herausgegeben von der deutschen Zentrale für Jugendfürsorge. VII. Lieferung 1912; „Der Saemann", Monatsschrift für Jugendbildung und Jugendkunde Heft X 1913; „Der

um auch den ärmeren und ärmsten Bevölkerungsklassen wirksam zu helfen. Und selbst wenn die Geldmittel beschafft werden, gibt es Bildungsunterschiede, die zu groß sind, als daß sie auch durch den besten Willen mit einem Schlage überbrückt werden können. Aber zwischen den Grenzen, alles oder gar nichts hier zu leisten, gibt es gewaltige Zwischenstufen.

Wir fragen tatsächlich bei der Aufnahme als Pfadfinderin weder danach, was die Eltern sind, noch welche Schulen die Kinder besuchen. Wer die Aufnahmebedingungen zu erfüllen

Zeltaufschlagen.

imstande ist, wird aufgenommen. Wir teilen auch unsere Gruppen nicht nach Schulen ein, und durch diese Einrichtung wird ganz von selber eine Überbrückung der sozialen Gegensätze erzielt. Sogar innerhalb der sogenannten „höheren Schulen" sind, dank des großen Bildungsstrebens unseres ganzen Volkes, die allerverschiedensten Bevölkerungsklassen vertreten.

Jungdeutschland-Bund", Bundes-Zeitschrift Nr. 17; „Der Arzt als Erzieher" Heft XI 1913; Zeitschrift für reales Leben „Körperliche Erziehung" Heft XI 1913; „Monatsschrift für das Turnwesen", Heft XII 1913; Führerkursbericht des Hamburger Landesverbandes für Jugendpflege 1913.

Schon das Zusammenbringen von Mädchen aus den verschiedenartigsten Schulen ist an sich bereits eine soziale Tat, deren Bedeutung jeder ermessen kann, der aus eigener Erfahrung weiß, wie stark sich die Gesellschaftsklassen der Schülerinnen verschiedener Schulen voneinander unterscheiden. Auch Volksschülerinnen sind, in den einzelnen Gruppen verteilt, vertreten. Daß die Pfadfinderinnen selber nicht einmal wissen, wer diese sind, ist der beste Beweis dafür, daß tatsächlich Mädchen aus ganz verschiedenen Ständen sehr gut miteinander auskommen können. Allerdings hat es manchen Kampf wegen des „Prinzips" gesetzt. Aber auch bei uns zeigte es sich wieder, daß gerade wirkliche Vornehmheit das größte Verständnis für die Schönheit des Pfadfinderinnenideals hatte, die Halbgebildeten und Parvenus allein fürchteten, sich etwas zu vergeben, wenn die Töchter Bemittelter mit Unbemittelten zusammen angetroffen würden.

Die Konfessionsfrage hat bei uns keinerlei Schwierigkeit gemacht. In Hamburg sind nur wenige Katholiken, und auch zwischen Protestanten und Israeliten sind nie Uneinigkeiten zutage getreten. Die politische Überzeugung der Eltern ist den Pfadfinderinnen selber schon deshalb belanglos, weil die Mädchen von Natur aus auch nicht das geringste Interesse für Politik haben.

Eine Schwierigkeit bildete naturgemäß die strenge Durchführung des Pfadfinderinnengedankens, stets eingedenk zu sein, sich der Mitgliedschaft würdig zu erweisen. Die Mädchen, die wegen Untauglichkeit (meistens war es Oberflächlichkeit, Energielosigkeit oder Unzuverlässigkeit, sehr oft auch alles zusammen) wieder aus unserer Vereinigung austreten mußten, schimpfen — sehr verständlicher Weise — weidlich auf „die ganze Bewegung". Aber gerade bei der Eigenart der Pfadfinderinnenaufnahme muß auf Tüchtigkeit der Mitglieder streng gehalten werden, sonst ist ein dauerndes Zusammenhalten so verschiedenartiger Elemente undenkbar.

Recht schwierig ist ferner die Durchführung des Familiengedankens. Ehepaare, die sich längere Zeit der schwierigen und aufreibenden Pfadfinderinnenerziehung widmen mögen und können, sind gar schwer zu finden. Darum haben wir uns in Hamburg damit begnügen müssen, daß nur an der Spitze einer Abteilung ein Ehepaar steht — diese kann bei uns bis in 12 Gruppen eingeteilt werden, die jede etwa 10 bis höchstens 20 Mitglieder hat. Aber auch an völlig geeigneten Gruppenführerinnen war großer Mangel. Wir haben daher lieber auf starke Vermehrung der Mitglieder verzichtet, als ein Anwachsen der Vereinigung auf Kosten der Gesamtleistungsfähigkeit zuzugeben. Die Hauptsache ist, daß kleine Gruppen unter guter Führung bestehen. Ein guter Einfluß kann nur durch die Persönlichkeit der Führer gesichert werden. Man glaube ja nicht, daß „durch Distanzhalten" wertvolle Autorität ermöglicht wird. Fort mit allen steifen Förmlichkeiten, die hindern nur, anstatt zu fördern. Schon die Anrede der Pfadfinderinnen — das traute „Du" und der Vorname bleibt bei uns solange als irgend möglich — ist von nicht zu unterschätzender Wichtigkeit. Wird hier im Beginn ein Fehler gemacht und die Pfadfinderin als Gesellschaftsdame behandelt, so ist alle Kameradschaftlichkeit und Vertrautheit unmöglich. Wenn die „Wandertöchter" von ihren „Wandereltern" sprechen, so ist das nicht nur eine Ausdrucksform, sondern eine tiefe Bedeutung liegt in diesen Worten. Hochschätzung, ganzes Verstehen und Vertrauen sind allein Grundlage aller wertvollen Erziehung.

Schuldisziplin oder gar militärische Straffheit gehören nicht in die Jugendpflege. Wir in Hamburg haben auf diesem Gebiet gerade allerlei Erfahrungen. Vor etwa drei Jahren bekamen wir Besuch von einer Vertretung der englischen „Girl-Guides". Wir haben sehr viel von ihnen lernen können. — Ihr blitzschnelles Antreten, ihr straffes Marschieren — sie gehen im Schritt, und Sprechen auf dem Marsche ist ihnen streng verboten — ihre scharfen Kommandos, und ihre überall in die Erscheinung tretende große Leistungsfähigkeit machten einen starken Eindruck auf uns. Besonders in der Flaggentelegraphie und im Ambulanzdienst zeichneten sich alle Girl-Guides sehr aus. Wie waren solche Erfolge nur möglich? Wie sich herausstellte, vor allem durch straffste Disziplin und durch Anspornen des Ehrgeizes. Für ihre Leistungen bekommen die „Girl-Guides" eine Auszeichnung in der Form eines Abzeichens, das sie auf ihrer Uniform anbringen. Die Mädchen avancieren außerdem wegen vollbrachter Leistungen in einer langsam aufsteigenden Rangordnung, deren Bezeichnung sie dem Heeresdienst entnehmen, übrigens gerade wie die „Scouts", das ist eine Knabenorganisation, der sie gänzlich nachgebildet sind. Darin liegt der Grundfehler des ganzen

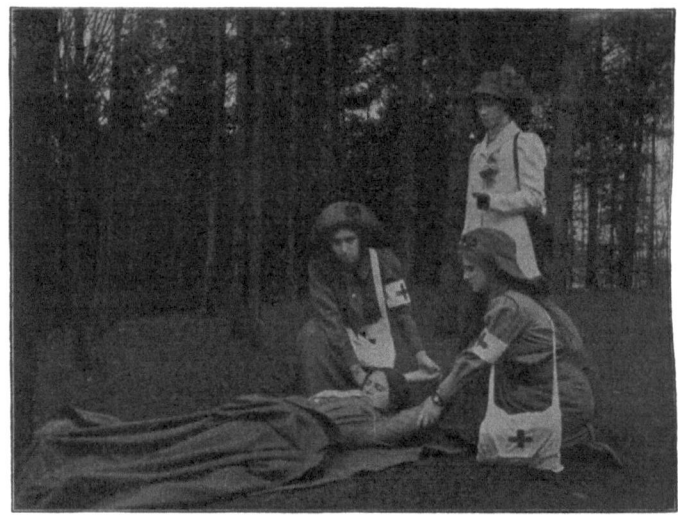

Ambulanzdienst.

Systems. Jetzt macht sich auch schon ein Rückgang der ganzen Mädchenbewegung stark bemerkbar, während die Knabenorganisation immer weitere Erfolge zu verzeichnen hat. Wir lernten von den in England begangenen Fehlern. — Allerdings zuerst versuchten es die Hamburger Pfadfinderinnen nach dem Besuch ihrer englischen Gäste auch, „größeres Gewicht auf die Leistungen" zu legen. Man fing bei uns an, nach militärischer Art Aufstellung zu nehmen, straff zu marschieren und scharfe Kommandos einzuführen, überhaupt Wert auf den äußeren Eindruck zu legen. Aber bald sind wir glücklicherweise ganz davon wieder zurückgekommen. Jetzt marschieren wir überhaupt nie mehr in Reih und Glied, sondern plaudernd oder singend in aufgelöster Horde, so wie die Wandervögel. Belohnungen für Tüchtigkeit, die wir auch eingeführt hatten, sind gänzlich abgeschafft worden. Bei uns haben auch alle Führerinnen gleichen Rang, und nur Alter und Erfahrung geben bei Meinungsverschiedenheiten den Ausschlag. — Wir haben alle eingesehen, daß nicht die Leistung, sondern die Gesinnung, durch die die Leistung bedingt ist, allein ausschlag-

Krankentransport.

gebend sein muß. Die Tat hat nur ethischen Wert, wenn die Motive, die sie hervorbrachten, gut und schön sind.

In Hamburg besitzen wir immer noch keine gedruckten Statuten, mancher Vereinsmeier wird solchen haarsträubenden Mangel tief bedauern. Bei uns geht es aber auch ohne Paragraphen — vielleicht gerade eben deshalb. Wer noch nicht weiß, was wir anstreben, der kann ja im Pfadfinderinnenbuch und zahlreichen Aufsätzen über unsere Bewegung nachlesen. Wir haben auch keinen vielköpfigen Vorstand und mehrere Ausschüsse. Unser Eufrat (= Eltern- und Freundesrat) rät uns nur, wenn wir um Rat bitten, und die Leitung entscheidet stets selbständig, und zwar von Fall zu Fall. Dadurch geht alles sehr schnell und glatt. Da Leiter und Führer bei uns dieselben Personen sind, so kann es auch nie zu einem Konflikt wegen etwaiger Anordnungen vom grünen Tisch aus kommen. Daß unsere ganze Organisation so sehr einfach ist, scheint uns eine nicht zu unterschätzende gute Folge der begrenzten Anzahl unserer Mitglieder.

Bei uns hat auch jede Pfadfinderin selber das Recht — und die Pflicht — an der Gesamtregierung mitzuwirken. Selbstverwaltung hat bei uns gerade die besten Erfolge erzielt. So kann am leichtesten und sichersten bei den Mädchen das so nötige Selbstverantwortungsgefühl geweckt werden, ohne das niemand zum wahren Kulturmenschen wird. — Im Gegensatz zum Wandervogel, mit dem die Hamburger Pfadfinderinnenvereinigung sonst mancherlei gemeinsam hat, bestehen bei uns keine getrennten Führer- und Scholarenversammlungen. Bei unseren etwa alle drei Wochen stattfindenden Versammlungsabenden kommen möglichst alle Pfadfinderinnen und Führerinnen zusammen (d. h. von einer Abteilung, die höchstens 200 Mitglieder haben darf — die beiden bei uns bisher bestehenden Abteilungen haben völlig voneinander getrennte Verwaltungen). An den Abenden wird alles Notwendige besprochen. Auf Anträge der Leitung haben alle das Recht in eine anschließende Diskussion einzugehen, aber infolge der großen Passivität des weiblichen Geschlechts wird von diesem Recht nur wenig Gebrauch gemacht. Die meisten Wünsche und etwaigen Beschwerden werden im allgemeinen in persönlichen Unterredungen vorgebracht. Die einzelnen Gruppen arbeiten im übrigen völlig selbständig, vor allem unternehmen sie ihre Wanderungen getrennt. Jede Gruppe hat möglichst zwei Führerinnen, eine Sekretärin und eine Schatzmeisterin, die im besonderen für die Gruppenleistung verantwortlich sind. Mit der Zahl der Veranstaltungen sind wir gegen früher stark zurückgegangen, da wir fanden, daß zu viele Unternehmungen der Vereinigung das Familienleben unserer Mitglieder zu stören begannen. Schon um dem Empfinden und den Wünschen der Eltern immer ganz gerecht zu werden, sollte

auch eine Mutter im Vorstand sein. Man muß selbst erst ein
Kind sein eigen nennen, um ganz zu begreifen, wie sehr
Eltern und Kind zusammen gehören.

Das Haupterziehungsgebiet der Hamburger Pfadfinde=
rinnen sind ganztägige Wanderungen, die etwa alle drei
Wochen regelmäßig das ganze Jahr hindurch stattfinden. Ge=
rade im Spätherbst und Winter müssen unsere Großstadt=
mädchen hinaus in die schöne Natur, da sie während dieser
Zeit am meisten hinter den Büchern hocken und am wenigsten

Beim Gartenbau.

sportliche Erholung genießen. Die Art unseres Wanderns ist
im wesentlichen ähnlich wie beim Wandervogel, darum braucht
hier darauf nicht näher eingegangen zu werden. Die große
Bedeutung der Wandervogelbewegung ist ja allgemein bekannt.
Seit den letzten Jahren haben wir aber neu damit begonnen,
die jungen Mädchen auch Gartenbau treiben zu lassen, und wir
haben damit sehr gute Erfahrungen gemacht. Man muß junge
Mädchen rechtzeitig an eine segensreiche Tätigkeit gewöhnen,
um sie die Schönheit der Arbeit, der vor allem, die ganz aus
freien Stücken getan wird, in ihrem vollen Werte schätzen zu
lehren.

Der Gartenbau eignet sich hierfür so außerordentlich gut, da er auch gleichzeitig eine prächtige Ausarbeitungsmöglichkeit für die jungen Mädchen bietet, die heutzutage als Gegengewicht gegen die starke, vorwiegend geistige Inanspruchnahme der Schule unbedingt notwendig ist. Zudem kann so Arbeit getan werden, die keine neue Unterrichtsüberbürdung bedeutet. Außerdem lassen sich gerade an den Gartenbau — er findet wöchentlich nachmittags ein-, ausnahmsweise zweimal statt —

Auf der Wanderung im Winter.

so sehr leicht die verschiedensten anderen körperlichen Übungen anschließen, z. B. Zeltbau, Geländespiele, Reigentänze und Wanderungen. In allen unseren Bestrebungen gehen wir von dem Gedanken aus, daß jede Pfadfinderin ihre eigenen Wünsche unter das Wohl der Gesamtheit stellen muß. Die größte Schwachheit der Mädchen, kleinlichen Eifersüchteleien nachzugeben, kann gar nicht früh genug bekämpft werden. Überhaupt „von Selbstsucht zur Selbstzucht gelangen", hat im Mittelpunkt aller Erziehung zu stehen. Gerade bei dem gemeinsamen Gartenbau wieder läßt sich dieser Gedanke am

einfachsten und besten in die Tat umsetzen. — Und die Wande=
rungen und die Arbeit auf dem Gartenland wecken bei den
Großstadtmädchen wieder das herrliche Heimatsgefühl. Aber
nichts stärkt die Liebe zur Heimat so sehr, wie der Gedanke,
selbst wenigstens etwas für die Heimat leisten zu können:
durch schöne Wanderungen lernt man die Heimat schätzen,
durch Arbeitsleistung, wie beim Gartenbau, sie erst wahrhaft
lieben. Nur wenn man zu allen Jahreszeiten, bei Regen und

Ausmarsch im Herbst.

Sonnenschein, sein Land kennen gelernt, darum Sorge und
Freude gehabt, dann erst wird dem Menschen die ganze Schön=
heit des Heimatgedankens offenbart und eine wertvolle Hei=
matsliebe ins Herz gepflanzt, wodurch der festeste Grund zu
einer innigen Vaterlandsliebe gelegt ist.

Früher haben wir großes Gewicht auf die Ausführung
der Flaggentelegraphie gelegt, da hierdurch Gedankenkonzen=
tration gut geübt wird. Wir sind aber sehr davon wieder
zurückgekommen, da es sich herausstellte, daß auf die Dauer

die allermeisten jungen Mädchen für den Winkerdienst kein Interesse haben, und wo keine rechte Liebe zur Sache ist, wird auch ein schöner Erfolg kaum erzielt. Im Anfang — besonders aber nach dem Besuch der Girl-Guides — führten wir Unterweisung im Ambulanzdienst für alle Pfadfinderinnen ein. Auch davon sind wir zurückgekommen.

Die jüngeren Mädchen — die Pfadfinderinnen stehen bei uns im Alter von etwa 10 bis 18 Jahren — haben doch nur selten den nötigen Ernst und die genügende Einsicht, um mit Erfolg einen wirklichen Sanitätskursus durchzumachen. Spielerei darf aber eine solche Sache auf keinen Fall werden. Auf ärztlichen Rat wurden deshalb bei uns im allgemeinen nur noch die Führerinnen im Ambulanzdienst unterwiesen, auch deshalb schon, weil man sich bei Schülerinnen eben nie genug davor hüten kann, außerhalb der Schule die Kinder noch zu anstrengendem Unterricht heranzuziehen.

Das Geländespiel ist von großer Bedeutung für die Erziehung von jungen Mädchen. Im ersten Augenblick sollte man wohl eher das Gegenteil annehmen. Das Kämpfen zweier Parteien gegeneinander scheint eigentlich nur für Knaben zu passen. Das ist ein großer Irrtum. Mädchen haben es viel mehr als Knaben notwendig, zu Tatkraft und vor allem zur mutigen, schnellen Entschließung — überhaupt zu allen spontanen Leistungen — herangezogen zu werden, da es darauf ankommt, des Weibes angeborene Passivität durch geeignete Umgewöhnung wenigstens bis zu einem gewissen Grade zu überwinden. Gewöhnung ist das große Zaubermittel wirksamer Erziehung. Und das schwerste Hindernis bei aller Mädchenerziehung ist die Überwindung zu großer angeborener Passivität verbunden mit zu starkem Hervortreten ungehemmter Gefühlsäußerung. Man könnte einwenden: also bekämpft man hier angeborene, noch dazu charakteristische weibliche Eigenschaften. Diese Behauptung ist allerdings richtig. Aber kämpft man denn nicht bei der Erziehung des Knaben zur Disziplin gegen die von der Natur gegebenen, besonders männlichen Eigenschaften der Aktivität, des Durchsetzens der persönlichen

Willenskraft und Tatenlust! — Eine vernünftige individuelle Erziehung muß überhaupt schädliche Eigenschaften hemmen und gute fördern und im besonderen darüber wachen, daß keine Eigenschaft sich so stark entwickelt, daß sie durch ihr Übermaß dem Individuum oder gar der Allgemeinheit schaden könnte. Also ist man auch völlig berechtigt, die moderne Frau für ihren schweren Kampf ums Dasein so zu erziehen, daß sie nicht durch ein „Zuviel" ihrer Geschlechtseigenschaften an ihrem Lebenserfolg gehindert wird. —

Die größte Freude hatten die Hamburger Pfadfinderinnen sicher am Tanz, Gesang und Saitenspiel. Mehr Kunst in die Schule sollte es nicht nur heißen, sondern überhaupt mehr Kunst ins ganze Leben. Gesang, Musik und Tanz müßten in der modernen Mädchenschule noch viel mehr getrieben werden. Gerade für Mädchen erscheint mir neben der Erziehung zur Wissenschaft eine stärkere Betonung der Kunst eine unabweisbare Forderung. Auf alle Fälle kann die Jugendpflege für Mädchen in dieser Richtung gar nicht genug tun. Wer einmal kurz hintereinander eine Knabenfeier und eine Mädchenfeier mitgemacht hat, dem wird der gewaltige Unterschied in der Veranlagung beider Geschlechter wie mit einem Schlage sonnenklar werden. Gefühlskräfte liegen mehr bei den Mädchen, Verstandesstärke mehr bei den Knaben. Eine vernünftige Erziehung darf dies nie außer acht lassen. Der moderne Kulturmensch soll allerdings eine durchaus harmonische Durchbildung erfahren, aber die Eigenart der Geschlechter darf dadurch nie verwischt werden. Der Gerechtigkeitsgedanke verlangt die Aufstellung eines gleich hohen Ideals für die Lebensleistung beider Geschlechter. Die Anforderungen an das weibliche Geschlecht sind damit naturgemäß auch gestiegen. Geistig wie körperlich muß die moderne Frau zur möglichsten Vollkommenheit erzogen werden. Aber grundfalsch wäre es, Gleichheit der Geschlechter zu fordern. Völlige Gleichwertigkeit von Mann und Weib zu erstreben, und dabei für beide höchste Entwicklungswerte zu erreichen, ist aber nur möglich, wenn man sowohl in der Zielsetzung, als in den Bestrebungen an dies Ziel zu gelangen, von Anfang an der Eigenart beider

Geschlechter ganz gerecht wird. Die Pfadfinder in der Erziehung mögen das zum Wohl unseres ganzen Vaterlandes vor allem beherzigen und als letztes Ziel ihrer Arbeit ansehen:

Des Mannes Ideal sei Kraft,
Das Ideal des Weibes: Schönheit.

Verlag von Otto Spamer / Pfadfinderverlag in Leipzig

Im 21. bis 30. Tausend ist erschienen:
Jungdeutschlands Pfadfinderbuch

Im Auftrage des Deutschen Pfadfinderbundes herausgegeben von Oberstabsarzt Dr. **A. Lion** und Major **Maximilian Bayer**. Unter Mitarbeit von Hauptmann C. Freiherr von Seckendorff, Gymnasialprofessor Dr. L. Kemmer, Hauptmann O. Koch. Mit vielen Bildern, Anleitung zum Kartenlesen usw. Geh. M. 2.50, geb. M. 3.50, bei 10 Exemplaren geh. nur 2 M., gebunden M. 2.60

Ein Buch für den Politiker, dem ein starkes Geschlecht die beste Friedensbürgschaft ist. Ein Buch für die Eltern, damit sie in den Sturm- und Drangjahren ihren Kindern Berater sein mögen. Und vor allem der deutschen Jugend gewidmet. Möge dieses Buch recht viele Freunde gewinnen.   *Bayerische Lehrerzeitung.*

Ein deutsches Pfadfinderkorps. Winke und Ratschläge für Führer und Neugründungen. 20. bis 22. Taus. Geheftet 15 Pf., 100 Stück 10 M.

Deutsche Jugenderziehung und Pfadfinderbewegung. Von Hauptmann **Freiherr von Seckendorff**, Metz. Zweite, vermehrte Auflage. Mit vielen Bildern. 1 M., bei 10 Exempl. 75 Pf., bei 50 Exempl. 60 Pf.

Die deutsche Pfadfinder- und Wehrkraftbewegung und ihre Ursachen. Von Oberstabsarzt Dr. **A. Lion**. 60 Pf. Bild: Befreiungshalle in Kelheim auf dem Umschlag.

Pfadfinder-Postkarten nach künstlerischen Entwürfen prächtig in Farben ausgeführte Bilder. Stück 10 Pf., 50 Stück 4 M., 100 Stück 6 M. / Nach Gruppenaufnahmen in schönem Lichtdruck. 25 Stück 1 M., 100 Stück 3 M., 1000 Stück 25 M. / Mit Noten und Text (Pfadfindermarsch usw.) und entsprechendem Bild. Stück 10 Pf., 50 Stück 4 M., 100 Stück 6 M. (Alle Arten Postkarten auch serienweise in Mäppchen zu 70 Pf. u. 1 M.)

Verlag von Otto Spamer / Pfadfinderverlag in Leipzig

Allgemeines Gartenbuch. Praktische Anleitung zur Anlage und Pflege des Zier- und Zimmergartens, des Gemüse- und Obstgartens. Von **Theodor Lange.** Fünfte Auflage. 2 Bände mit etwa 1000 Abbildungen und 54 Gartenplänen. I. Band: Ziergarten und Topfblumenkultur. II. Band: Obst- und Gemüsegarten. Preis jedes auch einzeln käuflichen Bandes gebund. M. 4.50

Das Buch denkwürdiger Frauen. Lebensbilder und Zeitschilderungen. Festgabe für Mütter und Töchter von **Ida von Düringsfeld.** Achte Auflage. Mit 12 ganzseitigen Bildnissen. Gebunden 7 M.

Es ist das Vermächtnis einer trefflichen Frau, einer tüchtigen Schriftstellerin, einer edlen Patriotin. *Bazar.*

Illustrierte Geschichte der Musik. Von der Renaissance bis auf die Gegenwart. Von **Hans Merian.** Dritte, erweiterte Auflage. Mit 303 Abbildungen im Text und 20 Beilagen. Neu bearbeitet von **Bernhard Egg.** In vornehmer Ausstattung geschmackvoll gebunden 17 M.

... eines der lebendigsten und am besten illustrierten Musikgeschichtsbücher. *Die Musik.*

Schwere Zeiten. Schicksale eines deutschen Mädchens in Südwestafrika. Von **Elise Bake.** Mit farb. künstler. Titelbild und Original-Federzeichnungen. Geb. M. 2.50

Ein herzhaftes Buch für Pfadfinderinnen, die tapfer ihren Pfad draußen in den Kolonien, fern von der Heimat suchen wollen. Ein gutes Buch auch für solche, die ein paar unterhaltende Stunden sich schaffen wollen. Für gute Ausstattung bürgt der Name des Verlags. *Major M. Bayer im „Pfadfinder".*

Elfenreigen. Deutsche und nordische Märchen aus dem Reiche der Riesen und Zwerge, der Elfen, Nixen und Kobolde. Der Jugendwelt gewidmet von **Villamaria.** Achte Auflage. Mit Bilderschmuck von Ludwig Koch-Hanau. Gebunden 7 M.

Verlag von N. G. Elwert / Marburg

Die Frauenfrage in den Romanen englischer Schriftsteller der Gegenwart. Von Dr. **Ernst Foerster,** dem Verfasser der vorliegenden Schrift.

If you have any concerns about our products,
you can contact us on
ProductSafety@springernature.com

In case Publisher is established outside the EU,
the EU authorized representative is:
**Springer Nature Customer Service Center GmbH
Europaplatz 3, 69115 Heidelberg, Germany**

Printed by Libri Plureos GmbH
in Hamburg, Germany